Anny Quintana Portal
Gretel Dorta Preciado
Yoidel Martínez Morales

Proceso de enseñanza-aprendizaje de la Matemática

Anny Quintana Portal
Gretel Dorta Preciado
Yoidel Martínez Morales

Proceso de enseñanza-aprendizaje de la Matemática

Sistema de actividades para el desarrollo de habilidades en el cálculo

Editorial Académica Española

Publisher:
Editorial Académica Española
is a trademark of
Dodo Books Indian Ocean Ltd. and OmniScriptum S.R.L publishing group

120 High Road, East Finchley, London, N2 9ED, United Kingdom
Str. Armeneasca 28/1, office 1, Chisinau MD-2012, Republic of Moldova, Europe
Printed at: see last page
ISBN: 978-613-9-43844-0

INDICE

INTRODUCCIÓN

El país va a dar un salto gigantesco en la educación porque esta desarrolla una Revolución en la educación; es una colosal batalla de ideas que libra el pueblo con el propósito de llevar la cultura general e integral como garantía para la Revolución; el Comandante en reiteradas ocasiones; el papel fundamental que corresponde a la escuela y educadores es lograr una sociedad diferente, más justa, lo que evidentemente implica una nueva Revolución en la educación. El proceso lleva a cabo La Batalla de Ideas, en la educación se disfruta de las nuevas tecnologías para lograr un eficiente resultado en el desarrollo científico, llevan a las aulas, nuevas transformaciones educacionales, dentro de ellas se posee, un televisor, una computadora, un video, libros de textos, cuadernos martianos, diccionarios, etc. El proceso de enseñanza-aprendizaje en la asignatura Matemática en tercer grado estas transformaciones se manifiestan el uso adecuado de la computadora y los software educativos, se utilizan para vincular las clases con la asignatura mediante la utilización de software: Las Ferias de las Matemáticas, Las Formas que nos Rodean I, El país de los Números y otros más.

La enseñanza de la Matemática escolar juega un papel importante en la formación de individuos que son capaces de asumir los retos científicos y técnicos que demanda el actual desarrollo social. En este sentido es necesario que los alumnos en la escuela aprendan a aprender. Con el logro de una dependencia cognoscitiva en la obtención de los conocimientos la asignatura puede realizar un aporte significativo a estos fines generales; ya sea a través de la contribución al desarrollo de capacidades mentales generales de los alumnos, así como mediante el fomento de la creatividad, la fantasía y la creación de hábito de disciplina, entre otros.

Para comprender el significado de la Matemática y su enseñanza hay que conocer su desarrollo histórico, el cual muestra que los conocimientos matemáticos surgidos de la necesidad práctica del hombre mediante un largo proceso de abstracción, tienen un gran valor para la vida. Los fundamentos de la ciencia Matemática devienen en instrumentos imprescindibles para conocer y transformar el mundo, se desprende la necesidad de que todos los escolares aprendan la base de esta ciencia, de modo que, además puedan resolver los innumerables problemas que les plantea la práctica y en cuya solución se necesita utilizar el andamiaje matemático. La preparación matemática en la escuela actual, adquiere una mayor importancia para la actividad práctica posterior, pues el papel de esta en la vida social aumenta en forma singularmente rápido y el proceso científico técnico y la complejidad técnica de la producción, plantean nuevas exigencias a la preparación de nuevas generaciones.

La posición de la política educacional socialista y de la pedagogía marxista-leninista exige un trabajo pedagógico completo, en la teoría y en la práctica, creando una base decisiva en la enseñanza de la Matemática. Sin embargo la falta de motivación por el estudio de la Matemática y el pobre desarrollo de habilidades en esta asignatura son obstáculos al logro de estos propósitos y constituyen dificultades a las cuales se deben enfrentar sistemáticamente los profesores de Matemáticas durante el desempeño de su profesión. Sin embargo existen dificultades que presentan los niños de tercer grado en los ejercicios básicos de adición con sobrepaso en cuanto al cálculo matemático, dado por las dificultades de carecimiento de una buena memorización de los ejercicios básicos de adición, al presentar deficiencias para trabajar con destreza en el cálculo, además carecen habilidades en él.

- Errores de cálculo en la adición con sobrepaso límite 10000.
- Poco dominio del orden operacional.

Atendiendo a lo anteriormente expuesto se define como problema científico: ¿Cómo desarrollar habilidades en el cálculo en los ejercicios básicos de adición con sobrepaso en los alumnos de tercer grado de la escuela Reinaldo León Yera? Se propone como objeto: Proceso de enseñanza-aprendizaje en Matemática en tercer grado. Como campo de acción: habilidades en el cálculo en los ejercicios básicos de adición con sobrepaso. Para ofrecer respuesta al problema se planteó como objetivo:

Proponer un sistema de actividades para el desarrollo de las habilidades en el cálculo en los ejercicios básicos de adición con sobrepaso en los alumnos de tercer grado.

Para el desarrollo de la investigación se plantearon las siguientes <u>preguntas científicas</u>:

1. ¿Sistematización de los fundamentos teóricos del proceso de enseñanza-aprendizaje de la Matemática y las habilidades en el cálculo en los ejercicios básicos de adición con sobrepaso en tercer grado?
2. ¿Cuál es el estado actual de las habilidades en el cálculo en los ejercicios básicos de la adición con sobrepaso en los alumnos de tercer grado?
3. ¿Qué vías utilizar para desarrollar habilidades en el cálculo de la adición con sobrepaso en tercer grado?
4. ¿Qué efectividad tiene el sistema de actividades?

Para dar cumplimiento al objetivo propuesto se elaboraron las siguientes <u>tareas investigativas</u>:

1. Fundamentación teórica del proceso de enseñanza-aprendizaje de la Matemática y habilidades en el cálculo en los ejercicios básicos de adición con sobrepaso.
2. Diagnóstico de la situación actual del desarrollo de habilidades en el cálculo en los ejercicios básicos de adición con sobrepaso en tercer grado.
3. Diseño de un sistema de actividades para el desarrollo de las habilidades en el cálculo de los ejercicios básicos de adición con sobrepaso.
4. Evaluación de la efectividad del sistema de actividades.

Para la siguiente investigación se proponen los siguientes métodos y técnicas del nivel teórico.

<u>Histórico-lógico</u>. Permitió conocer el fenómeno que se estudia en sus antecedentes y tendencias actuales, lo cual permitió establecer las bases teóricas que sustentaron la

investigación, al reflejar de forma lógica la esencia, necesidad y la regularidad del comportamiento en su desarrollo del proceso de enseñanza-aprendizaje en Matemática en los alumnos de tercer grado, a partir del desarrollo de las ideas estudiadas.

<u>Inductivo-deductivo:</u> Para partir de lo general hasta llegar a lo particular, a partir del estudio específico de habilidades en los ejercicios básicos de adición con sobrepaso en tercer grado

<u>Análisis-Síntesis:</u> Para interpretar los postulados teóricos relacionados con el proceso de enseñanza-aprendizaje en Matemática en los alumnos de tercer grado y sintetizar las cuestiones primordiales y generales.

<u>Sistémico estructural:</u> Para relacionar los parámetros del sistema de actividades, partiendo de lo simple hasta lo más complejo.

Lo métodos del nivel empírico utilizados fueron los siguientes:

1. <u>Prueba pedagógica:</u> Conoció el estado real de los conocimientos y habilidades que posee el alumno en las habilidades en el cálculo de los ejercicios básicos de adición con sobrepaso en tercer grado.
en el cálculo en los alumnos de tercer grado en la escuela Reinaldo León Yera.

2. <u>Observación:</u> Para conocer la situación real de las habilidades en el cálculo de adición con sobrepaso en tercer grado.

3. <u>Entrevistas</u> a profesores de la asignatura Matemática, permitió conocer las principales dificultades que presentan los alumnos sobre las habilidades de cálculo de los ejercicios básicos de adición con sobrepaso en tercer grado.

4. <u>Encuestas</u> a profesores y metodólogos de la asignatura Matemática para obtener información sobre los conocimientos que posee el alumno en las habilidades en el cálculo de los ejercicios básicos de adición con sobrepaso.

5. <u>El método experimental</u> se empleará el (diseño pre-experimento): Para validar un sistema de actividades para desarrollar habilidades en los alumnos de tercer grado de la escuela Reinaldo León Yera.

<u>Métodos estadísticos</u>: Posibilitó computar datos obtenidos mediante la vía empírica.

La <u>población</u> seleccionada para esta investigación está compuesta por el grupo de tercer grado en la escuela Reinaldo León Yera.

Una total de diecisiete alumnos y la <u>muestra</u> coincide con la población.

<u>La novedad científica:</u> consiste en la elaboración de un sistema de actividades para el desarrollo de habilidades en el cálculo de los ejercicios básicos de adición con sobrepaso en los alumnos de tercer grado.

<u>El aporte práctico</u>: radica en un sistema de actividades para el desarrollo de habilidades en el cálculo en los alumnos de tercer grado en la escuela Reinaldo León Yera.

CAPÍTULO I: FUNDAMENTACIÓN TEÓRICA DEL PROCESO DE ENSEÑANZA-APRENDIZAJE DE MATEMÁTICA.

1.1- Reseña histórica sobre el surgimiento y desarrollo de Matemática

Esta situación que tiene una manifestación universal, se presenta también en Cuba. Por ejemplo en 1984 la situación de la enseñanza de la Matemática en el nivel medio era reconocida como un problema a resolver en el país. Desde el seminario Nacional del Ministerio de Educación (MINED) se habla de "formalismo en la enseñanza de la Matemática" como una manera de significar la pobre contribución de la asignatura al aprendizaje significativo de los alumnos. La calidad de los conocimientos de los alumnos acerca de los números y sus capacidades y habilidades en el trabajo con ellos, tiene gran influencia sobre la efectividad del tratamiento posterior del cálculo con estos números. La Matemática representa el estudio de las relaciones entre cantidades, magnitudes, propiedades y de las operaciones lógicas utilizadas para reducir propiedades desconocidas. Es una ciencia que ya ha cumplido 2000 años de edad y aunque actualmente está estructurada y organizada. Esta operación llevó muchísimo tiempo. En el pasado las matemáticas eran consideradas como la ciencia de la cantidad referidas a las magnitudes (como en la geometría), a los números (como en la aritmética) o a la generalización de ambos (como el álgebra). Hacia mediados del siglo XIX las matemáticas se empezaron a considerar como la ciencia de las relaciones, o como la ciencia que produce condiciones necesarias. Esta última noción abarca la lógica matemática o simbólica-ciencia que consiste en utilizar símbolos para generar una teoría exacta de deducción o inferencia lógica basada en definiciones, axiomas, postulados y reglas que transforman elementos primitivos en relaciones y teoremas más complejos. En realidad, las matemáticas son tan antiguas como la propia humanidad. Se encuentra en los diseños prehistóricos de cerámica, tejidos y en las pinturas rupestres (donde se pueden encontrar evidencias del sentido geométrico y del interés de figuras geométricas). Los sistemas de cálculos primitivos estaban basados, seguramente en el uso de los dedos de una o dos manos (prestar atención como cuentan los niños) lo que resulta evidente por la gran abundancia de sistemas numéricos en los que las base son los números 5 y 10. Las primeras referencias a matemáticas avanzados y organizadas datan del tercer milenio a. e, en Babilonia y Egipto. Estas matemáticas estaban dominadas por la aritmética, con cierto interés en medidas y cálculos geométricos y sin medición de conceptos matemáticos como los axiomas y las demostraciones. Los primeros libros egipcios, escritorios hacia el año 1800 a .e.., muestran un sistema de numeración decimal con distintos símbolos para las sucesivas potencias de 10(1,10,100,...) similar al sistema utilizado por los romanos. Los números se representaban escribiendo el símbolo del 1 tantas veces como unidades tenía el número dado, el símbolo del 10 tantas veces como decenas había en el número y así sucesivamente para sumar números, se sumaban por separados las unidades, las decenas y las centenas…de cada número. La multiplicación estaba basada en duplicaciones sucesivas y la división era el proceso inverso (Encarta 2006).

El impetuoso desarrollo de la microelectrónica en los últimos años hace obsoletos los resultados de ayer. Se han abaratado las computadoras que han aumentado sus posibilidades de aplicación. Hoy en día las computadoras no solo se aplican en la resolución de grandes problemas numéricos de la técnica y de la economía, sino en un amplio espectro de campo. El empleo de la computación en todos los campos de la actividad humana hecho aún más vertiginoso el desarrollo y la aplicación de la ciencia y la técnica en la educación, los servicios y la economía y la sociedad en general. El desarrollo alcanzado en la ciencia contemporánea ha promovido una serie de transformaciones en todas las esferas de vida económica y social. Estas transformaciones se experimentan también en el campo de la educación. El desarrollo armónico de la personalidad de las nuevas generaciones, la concepción científica del mundo y la preparación de profesionales de alta calificación de acuerdo a las exigencias de la Revolución Científico-Técnica y los requerimientos económicos del país, demandan llevar la calidad de la escuela en general. La inserción de las nuevas tecnologías de la información y las comunicaciones dentro del sistema educacional desde edades tempranas, forma parte esencial de las profundas transformaciones que en esta esfera lleva a cabo con gran esfuerzo la Revolución con el propósito de elevar la calidad del aprendizaje.

Sin embargo existen dificultades en la adición con sobrepaso en tercer grado porque no responden con destreza en el cálculo, carecen de habilidades en él. La inserción del software educativo contribuye al logro de estos objetivos, pues a través de ellos el alumno interactúa con información proveniente de diferentes fuentes: textos, gráficos, audio, videos, animaciones, fotografías, tablas, esquemas, mapas y ejercicios. Hoy se ponen a disposición de la escuela cubana diversos software educativos que cuentan con todos estos recursos, todos ellos combinados hacen posible el desarrollo de habilidades intelectuales generales Cálculo (observación, clasificación, comparación, valoración) que se manifiestan en el incremento de los procesos de análisis, síntesis, abstracción generalización como base de un pensamiento dirigido a penetrar en la esencia de las relaciones entre hechos y fenómenos. Las exigencias planteadas acerca del elevado protagonismo que debe tener el alumno dentro del proceso de enseñanza-aprendizaje precisan de una concepción diferente en cuanto al papel que tiene que asumir el docente en su organización y dirección. Estas transformaciones han de darse en el orden de la concepción, exigencia y organización de la actividad; así como en las tareas de aprendizaje que concibe, logrando con esto que el alumno participe y la búsqueda y utilización del conocimiento. La elaboración de actividades instructivas en las que se utilicen ejercicios como medio de enseñanza implica tener un conocimiento amplio de los contenidos que aborda cada una y de todas sus posibilidades. Las entradas de las computadoras en la educación no fue un hecho casual, sino que constituyó un paso lógico en el desarrollo de la ciencia que la estudia y puso en manos de los pedagogos una herramienta poderosa y versátil que puede ser explotada con grandes éxitos docentes. Por todas estas razones y teniendo en cuenta estos fundamentos la importancia que en el país tiene la educación como uno de los logros fundamentales de la Revolución Cubana es que todos los encargados de llevar adelante el proceso de enseñanza-aprendizaje, en los distintos niveles de enseñanzas del Sistema Nacional de Educación, cada día se esfuerzan más y se introducen dentro del procedo todos los cambios que vayan encaminados a lograr mejores resultados en la formación de las nuevas generaciones. Por estas razones el Ministro de Educación ha trazado como una de sus líneas fundamentales de trabajo las exigencias planteadas acerca del elevado protagonismo que debe tener el alumno dentro del proceso de enseñanza-aprendizaje precisan de una concepción diferente en cuanto al papel que tiene que asumir el docente en su organización y dirección.

1.2 Fundamentación teórica del proceso de enseñanza-aprendizaje de la Matemática en tercer grado.

En este capítulo se hace un análisis histórico del proceso de enseñanza-aprendizaje de la Matemática, se caracterizan las habilidades de cálculo matemático así como los aspectos que de algún modo influyeron en el desarrollo de las habilidades de los alumnos en la adición de cálculo matemático de adición con límite 10000 en la Enseñanza Primaria (EAC) y su influencia en el proceso enseñanza-aprendizaje.

La matemática es una de las ciencias más antiguas cuyo desarrollo se ha estimulado por la actividad productiva de los hombres que, como ciencia particular, con su propio objeto de estudio, ha recibido la mayor influencia de las ciencias naturales para la formación de nuevos conceptos y métodos matemáticos desde su surgimiento. La enseñanza de la Matemática en la educación de los alumnos de tercer grado, consiste, en que a través de ella no solo se prepara a los alumnos para su incorporación a la vida social y laboral, sino que también se contribuye a la corrección de sus deficiencias. La enseñanza de la Matemática desarrolla el pensamiento de los alumnos de tercer grado, logrando el mejoramiento progresivo del análisis, la síntesis y la generalización. En el decursar histórico de la Matemática son muchos los ejemplos que muestran como los problemas de las ciencias naturales constituyeron los génesis de importantes teorías como el cálculo diferencial e integral, que surgió como el método de resolución mas general de los problemas matemáticos, la teoría de los polinomios en relación con la investigación de la máquina de vapor y así muchos otros casos pueden ser citados, que demuestran que las matemáticas son el resultado de la actividad productiva de los hombres y que los nuevos conceptos y métodos que conforman sus teorías han tenido sus raíces en lo fundamental, en problemas concretos de otras ciencias.

La peculiaridad de la relación de la Matemática con otras ciencias, a partir de la aplicación de los métodos matemáticos en las ciencias naturales, en los diferentes periodos de su desarrollo ha enmarcado en dos facetas, según señala K. Ribnikov (1987) en su libro sobre la historia de la Matemática plantea:

- "La elección de la adición con sobrepaso matemático que corresponde aproximadamente al fenómeno o proceso, o sea, del modelo, y el hallazgo del método de su solución."
- "La elaboración de nuevas formas matemáticas, ya que inevitablemente resulta imperfecta la aproximación del modelo matemático construido."[1].

Esta peculiaridad en la aplicación de los métodos matemáticos hasta la actualidad se evidencia en el desarrollo de la cibernética, la técnica de cómputo, la matemática discreta, el creciente papel en las ciencias económicas, sociales y otras y el progreso en ello depende de la posibilidad de abstracción en el objeto de estudio y la elección del esquema lógico de los conceptos abstractos que representan el contenido de los procesos y fenómenos.

Casi la mitad del siglo pasado, la Matemática tenía realmente por objetivo principal de investigación los propiedades métricas y las relaciones en distintos tipos de magnitudes señaladas, estudiaba las propiedades y las relaciones de naturaleza matemáticas haciendo abstracción de su contenido cualitativo, por lo que se calificaba como una ciencia cuantitativa.

Estudios de la Historia de la Matemática, como A. Aleskandrov (1980), en el afán de diferenciar la matemática contemporánea de la precedente, destaca su carácter cualitativo, fundamentado en la ampliación de su objeto y la profundización del grado de conocimiento de esos objetivos.

El paso de la Matemática Moderna por la amplia utilización del método axiomático, se produjo después del descubrimiento de las geometrías no euclidianas y la aparición, a finales del siglo XIX, de la teoría de abstracto de los conjuntos con el método axiomático condujo al concepto de estructura matemática abstracta de los conjuntos creada por G. Cantor.

La síntesis de las ideas teóricas sobre la teoría de conjuntos con el método axiomático condujo el concepto de la estructura matemática abstracta que ha sido fundamental para toda la matemática moderna y que sirvió de premisa a un grupo de matemáticos franceses (grupo de N. Bourbaki) para emprender la tarea de construir la Matemática existente sobre la base del concepto de estructura, al considerar esta ciencia, en su forma axiomática, como la acumulación de formas abstractas que son aplicables a un conjunto de elementos cuya naturaleza no está definida.

Este pasó a la Matemática Moderna, caracterizado por un mayor crecimiento en los niveles de abstracción en los niveles matemáticos y sus relaciones, constituye un peldaño cualitativamente nuevo en el desarrollo del conocimiento matemático, lo que marca una diferencia cualitativa y radical de la Matemática actual con toda la precedente. El estudio de las estructuras matemáticas contribuyó en gran medida a la ampliación del campo de aplicación de modernos métodos matemáticos, algunos de ellos como la teoría de grupos y de las estructuras algebraicas y análisis funcional que son expresiones del desarrollo y generalización de conceptos e ideas de la matemática clásica y otros como la teoría de los juegos y la toma de decisiones que responden a necesidades de las ciencias sociales. La matematización de la ciencia es considerada como un proceso de doble crecimiento de las ciencias concretas y de la matemática, lo que se manifestó en el surgimiento y exitoso desarrollo de ciencia como la física de las partículas elementales, la química cuántica, la biología molecular y muchos otros.

Como rasgo característico de la revolución científico-técnica contemporánea, la creciente aplicación de los métodos matemáticos en los más diversos campos de la ciencia y la técnica hace necesario la nueva comprensión del objeto y métodos de la matemática contemporánea. El contenido del objeto de los matemáticos se ha enriquecido de tal forma, que esto ha llevado a una reestructuración y cambio en la totalidad de sus problemas importantes. Asumimos que el objeto de la Matemática se enriquece en relación indisolubles con las exigencias de la técnica y las ciencias naturales lo que es condición necesaria para comprender el lugar de esta ciencia en la actividad productiva y social de los hombres, que no la reduce solo a la ciencia abstracta que estudia las relaciones cuantitativas y formas espaciales alejada a la realidad. La comprensión del objeto de la Matemática contemporánea de su papel en el desarrollo científico-técnico, conduce, a continuación, al análisis de cuál es la Matemática que debe ser aprendida, qué es lo que necesita un hombre en estos tiempos para enfrentar la investigación matemática, pero, esencialmente, para enfrentar la amplia diversidad de otros problemas que precisan de los métodos matemáticos para su solución, desde los problemas domésticos hasta los mas complejos problemas científicos. La Matemática comprende aquellos factores que intervienen y hacen posible que la Matemática se enseñe y se aprenda, por lo que en la última década se ha reconocido por diversos autores la influencia determinante que sobre ello ejercen las posiciones filosóficas y las teorías epistemológicas relativas al conocimiento matemático. En su sentido amplio, no se restringe a la interacción profesor-alumnos durante la clase, va más allá a otros factores que intervienen en el proceso de enseñanza-aprendizaje como: "el diseño y desarrollo de los planes y programas de estudio, los libros de texto, las metodologías de la enseñanza, las teorías del aprendizaje y la construcción de marcos teóricos para la investigación educativa, que se ponen en práctica a partir de las concepciones filosóficas y epistemológicas que tienen el profesor y los alumnos acerca de las matemáticas"2. La concepción filosófica dominante sobre la Matemática (formalista, realista, constructiva, etc.) ha generado un tipo de actividad matemática en cada etapa de desarrollo de esta ciencia y sobre su base se ha producido una determinada práctica educativa. En la concepción formalista de la Matemática, por ejemplo, que prevaleció en la primera mitad de este siglo, esta disciplina aparece como un cuerpo estructurado de formas, ajeno al significado de los objetos. Por su parte, en la concepción epistemológica que comprende los objetos de la Matemática en una realidad, que reconoce su existencia independiente del sujeto, basado en el realismo epistemológico de Platón y Aristóteles, se plantea como consecuencia que conocer Matemática es reconocer los objetos matemáticos mediante procesos de abstracción y generalización en los objetos corpóreos de la naturaleza y bajo esta concepción, la actividad matemática se acerca al proceso de descubrimiento del matemático L.M.Santos (1990), señala, en este sentido, que el aprendizaje de la Matemática es importante el proceso y el sentido que los alumnos muestren en el desarrollo o construcción de las ideas matemáticas señala además que aprender los conceptos acerca de los números, resolver ecuaciones, graficar funciones, etc., no es desarrollar matemáticas. "Hacer o desarrollar matemáticas incluye el resolver problemas, abstraer, inventar, probar y encontrar el sentido de las ideas matemáticas".3.

Como se indica el conocimiento, desde la perspectiva constructiva, es siempre contextual y nunca se separa del sujeto, que es el que le asigna al sujeto una serie de significaciones que determinan conceptualmente al objeto.

Aprender Matemáticas ha dejado de ser comprendido como la simple acumulación de conceptos, teoremas o procedimientos de un determinado orden o relación, la que ha conducido a que esta ciencia se comprenda como algo estático, como un complejo de términos y símbolos que el alumno tiene que dominar. El análisis de las nuevas tendencias de la enseñanza de la Matemática en el nivel medio autores como Panizza y Sadovki (1992) opinan que "hacer matemáticas es elaborar definiciones, más que repetir definiciones dadas, por otros, es buscar ejemplos más que solicitarlos, es proponer contraejemplos cuando se quiere demostrar que una propiedad no es válida, es encontrar sentido a las hipótesis de un teorema, es hacerse preguntas además de responderlas".

Es importante en esta posición que reconocen también la necesidad de tener en cuenta los procesos o actividades de tipo deductivo que aportan los modos de producción y de validación de la Matemática como ciencia formal, lo que puede ser válido a partir del nivel medio de enseñanza, pero es cuestionable el lugar que deben ocupar aquellos procesos de interacción que aportan experiencias necesarias para reconocer no solo el significado de esos conceptos y ejemplos, sino también su aplicabilidad y existencia en la realidad objetiva. Finalmente para hacer referencia las tendencias contemporáneas a la educación matemática es imprescindible citar a Miguel de Guzmán (1992), quien a partir del análisis de los principales movimientos, transformaciones y resultados en las últimas décadas, concluye que el panorama educativo actual de la Matemática esas tendencias generales parten de la interrogante acerca del objeto de la actividad matemática y a partir del esclarecimiento de lo que es el quehacer matemático y su influencia en lo que debe ser la enseñanza de la Matemática asume que la actividad matemática se enfrenta con un cierto tipo de estructuras que se prestan a unos modos peculiares de tratamientos que incluyen: una simbolización adecuada, una manipulación racional rigurosa y un dominio efectivo de la realidad a la que se dirige.

1.3 Caracterización del desarrollo de las habilidades del cálculo matemático en los ejercicios básicos de adición con sobrepaso en tercer grado

En el desarrollo mental general de los alumnos tienen importancia los ejercicios sobre cálculo matemático en cuanto al a memorización de ejercicios básicos de adición con sobrepaso.

Un paso importante en la solución de este tipo de ejercicios es la memorización de los básicos hasta el límite 10 impartido en los primeros grados, donde el niño comienza a solucionar cálculos sencillos que se van complejizando en la solución de ejercicios con sobrepaso hasta límite 20.

El trabajo continúa en tercer grado cuando se trabaja la consolidación de habilidades de cálculo desarrolladas en la adición y sustracción de números naturales hasta el 1000 e iniciar la solución de ejercicios con números naturales hasta 1000. Se puede pensar que aquí el alumno tiene todas las habilidades para memorizar y resolver ejercicios de cálculos y no es así, pues pueden presentarse situaciones nuevas que enriquecen el trabajo con los mismos. Un aporte importante en situaciones nuevas lo realiza el uso de ejercicios dinámicos y prácticos donde el menos interactúa activando sus procesos psíquicos.

Se considera que el estado actual de los alumnos de tercer grado en cuanto al dominio en la solución de ejercicios de cálculos matemáticos presenta dificultades ya que no son capaces de memorizar y resolver por sí solos, cálculos orales y escritos. Además se les dificulta la solución de ejercicios.

Los alumnos de tercer grado presentan dificultades en los cálculos matemáticos, aún cuando dominan las operaciones básicas, por lo que se hace necesario recurrir a métodos especiales. Es importante que los alumnos memoricen las igualdades y para ellos el maestro puede dirigir diferentes actividades que estimulen al alumno a participar una de estas es el uso de los juegos didácticos. Se conoce que en este grado de la enseñanza primaria en relación con la edad que poseen los alumnos, una de las actividades fundamentales es el juego. Es por ello que se hace necesaria la vinculación del estudio con el juego o viceversa. Estos juegos al ser bien utilizados y confeccionados con todos sus requerimientos, contribuyen a que los alumnos asimilen, ejerciten y apliquen sus conocimientos logrando así el desarrollo de habilidades.

Según C. Rizo – (1985:42) en el tema relacionado sobre la formación de habilidades y capacidades en la enseñanza de la Matemática plantea "que el desarrollo de habilidades en el cálculo son componentes automatizados de la actividad conciente. Ellos surgen a través de acciones realizadas, primero conscientemente, cuyos actos parciales se fundamentan mediante la frecuente repetición y la ejercitación de la misma actividad hasta convertirse en un acto unificado. El desarrollo de las habilidades en el cálculo, capacidades y conocimientos se integran fundamentalmente en el poder de un rendimiento uniforme".

Se coincide con este criterio, en las clases de matemáticas, específicamente las de ejercitación donde se abarcan ejercicios repetidos hasta aquellos variados incluyendo la solución de ejercicios con texto, tablas, ecuaciones y problemas. En estas clases se deben mantener los alumnos motivados, el maestro debe estructurar la clase de forma amena e interesante, motivando el interés de los alumnos por aprender. Dentro de esas actividades la más eficaz es el uso de los juegos didácticos, que permiten establecer entre los alumnos competencias, encuentros de conocimientos, entre otros, posibilita así, el desarrollo de habilidades matemáticas en el cálculo. En la Metodología de la Enseñanza de la Matemática según S. Osvaldo (1991:107) plantea que habilidad es la capacidad del hombre para realizar cualquier acción. El colectivo de autores del libro Metodologías de la Enseñanza de la Matemática de primero a cuarto grado, Tomo I (1976:184) define como habilidad a las acciones que el sujeto debe asimilar y por tanto dominar de menor a mayor grado y en esta medida le permite desenvolverse adecuadamente en la relación de determinadas tareas.

Al realizar un análisis de todo lo anteriormente expuesto, se puede señalar que entre ellos no existe contradicción alguna.

CAPÍTULO II: SISTEMA DE ACTIVIDADES PARA EL DESARROLLO DE HABILIDADES EN EL CÁLCULO EN LOS EJERCICIOS BÁSICOS DE ADICIÓN CON SOBREPASO.

En este capítulo se hace un análisis del diagnóstico de la situación actual del cálculo de ejercicios básicos de adición con sobrepaso en los alumnos de tercer grado, además se muestra la fundamentación teórica del sistema de actividades para el perfeccionamiento de habilidades de cálculo en ejercicios básicos de adición con sobrepaso en los alumnos de tercer grado; finalmente se realiza una validación del experimento, mostrando resultados alcanzados después de aplicado el sistema de actividades.

2.1 Diagnóstico de la situación actual del desarrollo de habilidades en el cálculo en los ejercicios básicos de adición con sobrepaso.

La problemática detectada se especificó aún más al aplicar una serie de instrumentos de medición que posibilitaron un trabajo de corrección más eficiente; dentro de estos instrumentos se encuentra la prueba pedagógica inicial (anexo 1) aplicada a los 17 alumnos de tercero de la escuela primaria Reinaldo León Yera con el objetivo de constatar el esto actual del desarrollo de habilidades en el cálculo de ejercicios básicos de adición con sobrepaso a través de un cálculo oral donde se arribó a los resultados no muy halagadores (anexo 2).

De los 17 alumnos aprobaron 11 para un 64,7% y desaprobaron 6 para un 35,3%. Al realizar un análisis de los resultados alcanzados solo el 11,8% (dos alumnos) alcanzaron la categoría de excelente (E), dominan a plenitud todos los ejercicios básicos de adición con sobrepaso, tienen creadas todas las habilidades necesarias para el cálculo, no cometen errores; el 17,6% (tres alumnos) obtuvieron la calificación de MB, dominan los ejercicios básicos de adición con sobrepaso, pero no logran hacerlo de forma rápida y precisa, se equivocan en cálculo.

El 23,5% (cuatro alumnos) alcanzaron la evaluación de B, tienen pleno dominio de sólo algunos de estos ejercicios básicos, los demás los resuelven a través de medios auxiliares como los dedos, se equivocan en menos de cuatro cálculo; el 11,8% (dos alumnos) logró calcular la mitad de los ejercicios, reconocen correctamente la operación, utilizan en varias ocasiones medios auxiliares para responder al cálculo, no son rápidos, ni precisos y el 35,3% (seis alumnos) no logran calcular menos de la mitad de los ejercicios, siempre utilizan los dedos como medio para darle solución al ejercicio, en ocasiones utilizan conjuntos y confunden las operaciones.

Al aplicar una entrevista individual (anexo 3) a los 17 alumnos de tercer grado con el objetivo de recopilar información acerca de cómo desarrollar las operaciones matemáticas de adición con sobrepaso, la vía que utilizan para la solución, así como el nivel de desarrollo alcanzado en las habilidades de rapidez y precisión, se arribó los siguientes resultados.

El 88,8% (15 alumnos) logran reconocer de forma rápida y precisa el signo de adición con sobrepaso, solo el 11,2% (dos alumnos) no logran reconocer con exactitud el símbolo de adición.

Sobre la vía que utiliza el niño para calcular el ejercicio dado se pudo constatar que el 47,1% (ocho alumnos) utilizan como vía de solución de cálculo los dedos, no tiene lograda la habilidad de rapidez, el 5,8% (un alumno) utiliza como vía para solucionar el cálculo, conjuntos, expresa que estos son bolitas o rayas entre otros y el 47,1%

(ocho alumnos) utilizan la vía mas idónea para el cálculo; la memoria, logrando así las habilidades con rapidez y precisión.

En el cálculo de ejercicios básicos de adición con sobrepaso el 11,8% (dos alumnos) responde de forma rápida y precisa, se deduce así que la mayoría de los educandos no memorizan de forma correcta todos los ejercicios básicos de adición con sobrepaso, no tienen creada las habilidades necesarias para el dominio pleno de estos ejercicios; el 35,2% (seis alumnos) tienen que pensar un poco y después responder al cálculo, de esta forma queda demostrado que no tienen desarrollada la habilidad de rapidez , se enfatiza entonces la precisión, 47,1% (ocho alumnos) necesitan valerse de los dedos para efectuar el cálculo. Esta dificultad conlleva a que los alumnos no tienen desarrollada la habilidad de la rapidez y precisión, crean hábitos y costumbres, los cálculos no son conscientes y sólo 5,8% (un alumno) no es capaz de dominar el cálculo oral, necesitan realizar conjuntos de bolitas o rayas.

Después de haber analizado la entrevista se pudo comprobar que más del 70% de los alumnos no logran memorizar los ejercicios básicos de adición con sobrepaso, es decir no tienen creadas las habilidades necesarias para el satisfactorio funcionamiento de esta actividad. Todos estas dificultades se centran el la vía de solución, pues lo realizan a través de los dedos, mediante imaginación, conjuntos entre otros esto influye negativamente en el desarrollo de habilidades con rapidez y precisión, en estos alumnos se pudo constatar que no realizan un esfuerzo intelectual para analizar o razonar sobre la solución de un ejercicio de cálculo dado, muestran sentirse más confiados cuando realizan los cálculos con los dedos que cuando lo hacen de forma consciente utilizando la memoria.

En cuanto al tiempo empleado para resolver un ejercicio de cálculo de compararon que el 30,4% (5 alumnos) calculan un ejercicio básico de adición en menos de tres segundos y el 70,6% (12 alumnos) un ejercicio básico de adición en más de cinco segundos.

Sobre la efectividad que el alumno realiza el cálculo se puede destacar que a través de las diferentes vías que utiliza solo el 11,8% (dos alumnos) no alcanzan resolver correctamente la mitad de los ejercicios propuestos en la clase, el 20,6% (tres alumnos) logran realizar más de la mitad de los ejercicios de la clase y el 70,6% (12 alumnos) son capaces de calcular de forma consciente y precisar todos los cálculos escritos previstos en la clase.

A través del análisis de la observación realizada a los alumnos de tercer grado en las clases de Matemática se pudo determinar que las mayores dificultades de los alumnos en cuanto al dominio de los ejercicios básicos de adición con sobrepaso radican en que la vía de solución que utilizan la mayoría de los alumnos no es la correcta, puesto que no logran desarrollar las habilidades de rapidez y precisión, emplean mucho tiempo al calcular, hacen de esta vía una necesidad, un hábito, una costumbre.

2.2 Fundamentación teórica del sistema de actividades.

A raíz de las dificultades que se han detectado a lo largo de la investigación se encuentran en este epígrafe fundamentos teóricos del sistema de actividades que permitirán y elevarán el nivel de desarrollo de habilidades de conocimientos sobre el cálculo de ejercicios básicos de adición con sobrepaso en los alumnos de tercer grado. Se propone para un sistema de actividades que presentan las siguientes características.

- Carácter integrador. Abarca diferentes componentes de la Matemática (ejercicios formales, ejercicios con tablas, con texto y problemas) logran un desarrollo eficiente de las habilidades del cálculo desde lo reproductivo hasta el nivel explicativo.

- Carácter flexible. Estos sistemas de actividades pueden ser utilizados en actividades docentes, específicamente en las de ejercitación, pueden ser empleados como entretenimiento en los horarios de receso también en actividades extradocentes y de recreación.

- Carácter orientador. Sirve de guía metodológica para la preparación de actividades de cálculo sobre ejercicios básicos de adición con sobrepaso con los alumnos de tercer grado.

- Carácter competitivo. Para ampliar, valorar los resultados alcanzados.

El sistema de actividades consta de varias regularidades

- Poseer tamaño adecuado para posibilitar ser observados por todos los alumnos
- Diseñar para llamar la atención de los alumnos
- Ubicar en un lugar visible
- Vincular con aspectos educativos
- Participar todos los alumnos
- Ser asequible de acuerdo al grado y edad

Alguna de las ventajas que le brinda el sistema de actividades

- Se trabajan la mayoría de los componentes de la Matemática
- Exige nivel de independencia
- Ayuda a adquirir conocimientos y habilidades de cálculo de ejercicios básicos de adición con sobrepaso
- Permiten realizar valoraciones y autovaloraciones por parte de los alumnos.

Contenidos que se abordan en el sistema de actividades.

- Adición de números
- Formación de grupos o pares de ejercicios básicos
- Reconocimiento de términos
- Determinar las partes y el todo
- El sistema de actividades puede ser empleado en las clases de ejercitación en la asignatura Matemática en tercer grado cumpliendo su propósito en la unidad #1 y la temática 1.3 del primer periodo, estas actividades pueden adaptarse a otros contenidos de las diferentes unidades solo que al elaborar los ejercicios se tendrán en cuenta que estos se ajusten a los objetivos del programa y a la unidad que se trabaje.

El sistema de actividades consta de 20 actividades, las mismas se desglosan de la siguiente forma.

Actividad 1 "Los dados del cálculo"

Actividad 2 "La cadena del cálculo"

Actividad 3 "Para donde voy"

Actividad 4 "Soy una suma"

Actividad 5 "Formando igualdades"

Actividad 6 "Calculando voy pintando"

Actividad 7 "¿Quién soy?"

Actividad 8 "¿Cómo lo resuelvo?"

Actividad 9 "Resuelve y memoriza"

Actividad 10 "Calcula"

Actividad 11"Complete los valores"

Actividad 12 "Juego y construyo"

Actividad 13 "Adiciono y resuelvo"

Actividad 14 "Continúa buscando"

Actividad 15 "Mi cálculo favorito"

Actividad 16 "Aprendí a jugar"

Actividad 17 "El país de los números"

Actividad 18 "Feliz calculé"

Actividad 19 "Encontré lo perdido"

Actividad 20 "Soluciono problemas"

Las actividades #1, 2, 3, 4 ,5 y 6, 9, 10, 11, 12, 15, se basan en la solución de ejercicios formales, muy sencillos acorde al contenido de cada grado y requieren de todos los datos necesarios para su posterior solución, constituyen a la base para los ejercicios de aplicación.

Las actividades #7, 16, 17, 18 y 19, posibilita el trabajo con los ejercicios con texto y tablas donde se buscan un valor o término desconocido en la solución de una igualdad.

Las actividades # 8, 13, 14 y 20, permiten la solución de problemas donde se determinan las partes y el todo, se le dan soluciones a diferentes situaciones de la vida, ofrecen datos de forma lógica que permite responder la pregunta que se plantea.

2.3 Propuesta Metodológica del sistema de actividades

Las orientaciones metodológicas para implementar el conjunto de ejercicios requieren de la elaboración de sistema de actividades se siguieron los siguientes criterios de los autores consultados en la fundamentación teórica los cuales reconocen la necesidad de trabajar este contenido en estrecho vínculo con las actividades teniendo en cuenta las características de la edad de los alumnos, seguidamente se muestra el sistema de actividades que se podrán utilizar en las clases de Matemática, en recreos, actividades recreativas y extradocentes.

<u>Actividad 1</u>

<u>Nombre</u>: Los dados del cálculo.

Objetivo. Calcular de forma oral y competitiva a manera de equipos ejercicios básicos de adición con sobrepaso el desarrollo de habilidades de destreza, rapidez y precisión al calcular, valores de compañerismo, honestidad y solidaridad.

Contenidos: Ejercicios formales sobre el cálculo de ejercicios básicos de adición con sobrepaso en alumnos de tercer grado de las escuelas primarias.

<u>Actividades a desarrollar</u>: Los alumnos deben calcular de forma oral, rápida y precisa los ejercicios básicos de adición con sobrepaso que se formarían al ser tirados los dados, para los ejercicios se utilizan los dos dados, formándose ejercicios de adición como.

9+4	**9+7**	**8+4**	**8+7**	**7+5**	**6+5**	**5+5**
9+5	**9+8**	**8+5**	**8+8**	**7+6**	**6+6**	
9+6	**9+9**	**8+6**	**7+4**	**7+7**	**6+7**	

Al solucionar estos ejercicios se pueden vincular con contenidos de numeración atendiéndose a las diferencias individuales de los alumnos e ir integrando otros contenidos en el mismo.

Metodología: Se divide el aula en dos grupos, se ubican los dados en un lugar visible para todos los alumnos del aula (estos dados deben tener de 8 a 10 cm. cúbicos, poseer colores llamativos en el trazado de los números), se mandaría un alumno del equipo rojo a que comience la actividad y así sucesivamente la continúan haciendo los niños de otro equipo. Para que los alumnos puedan resolver los ejercicios se les muestra uno.

Actividad 2

Nombre: La cadena del cálculo.

Objetivo: Calcular de forma oral, rápida y precisa una cadena de ejercicios básicos de adición mediante la utilización de un sistema de actividades que permite el desarrollo de habilidades matemáticas.

Contenido: Cálculo con ejercicios básicos de adición con sobrepaso en actividades docentes y no docentes de la asignatura Matemática en tercer grado de la escuela primaria.

Metodología: Esta actividad se puede desarrollar por alumnos, según la actividad.

Actividad 3

Nombre: Para donde voy

Objetivo: Hacer corresponder de forma coherente y precisa el cálculo de los ejercicios básicos de adición con sobrepaso a través de una actividad que permite el desarrollo de habilidades en el cálculo.

Contenido: Hacer corresponder las igualdades de adición con sobrepaso con sus respectivos resultados

Actividades a desarrollar: Motivación sobre el cuidado y protección a las flores y las mariposas. Enlazar los diferentes ejercicios de cálculo con sus resultados correspondientes.

Metodología: Se ubica en cada una de las flores igualdades con ejercicios básicos de adición con sobrepaso, en las mariposas se ubican ejercicios de adición que corresponden con las igualdades.

Actividad 4

Nombre: Soy una suma

Objetivo: Reconocer a través de diferentes igualdades de adición el signo que corresponda.

Contenido: Formar igualdades de adición con el signo que corresponde.

Actividades a desarrollar: Se sostiene una breve conversación a cerca del uso de los signos que representa la operación de adición y su significado práctico.

Metodología: Se le dará a un alumno una actividad que hará coincidir la primera igualdad.

Actividad 5

Nombre: Formando igualdades

Objetivo: Formar igualdades de adición con sobrepaso al calcular con los ejercicios básicos de adición con sobrepaso a través de una actividad que posibilite el desarrollo de habilidades en el cálculo matemático.

Contenido: Formación de igualdades de adición a partir de una suma dada.

Actividades a desarrollar: Motivar con una actividad como la siguiente:

¿Cuáles ejercicios básicos adiciono 18?

Insistir en cuando se ubica en la figura geométrica del centro un número y este es mayor que 10 significa la formación de igualdades de adición con ejercicios básicos.

Metodología: Indicar a los alumnos la actividad, el maestro ubicará en la figura del centro un número cualquiera y así comienza la actividad.

Actividad 6

Nombre: Calculando voy pintando

Objetivo: Calcular de forma rápida y precisa ejercicios básicos de adición con sobrepaso a través de una actividad y a su vez realizar el cálculo.

Contenido: Cálculo de ejercicios básicos de adición con sobrepaso.

Actividades a desarrollar: Motivar sobre el conocimiento que poseen los alumnos de las diferentes figuras geométricas (destacar características generales) e importancia de la utilización de colores para la vida y colorido a las cosas.

Metodología: Colocar en un lugar visible la silueta de cada uno de los dibujos (casita y barco) se ubican sobre la mesa las figuras geométricas que conforman estas siluetas donde aparecen en cada una ejercicios básicos de adición con sobrepaso. La actividad se inicia cuando un alumno responde correctamente el cálculo que aparece en él, entonces lo hace corresponder con la silueta del dibujo. Las siluetas deben tener la misma cantidad de elementos a pintar.

Actividad 7

Nombre: ¿Quién soy?

Objetivo: Buscar un número o término desconocido para el comportamiento de ejercicios con tablas y con textos de adición con sobrepaso mediante un sistema de actividades que permite ampliar su campo de conocimiento.

Contenido: Hallar valores y términos desconocidos en igualdades de adición con sobrepaso mediante el trabajo con tablas y ejercicios con textos.

Actividades a desarrollar: Para motivar a los alumnos se les preguntará los términos de la adición.

Metodología: Se ubica en el franelógrafo en un lugar visible del aula y se insertan en él los elementos con los que se requiere la actividad, ya sean ejercicios con tablas (variables) o con textos (términos).

Actividad 8

Nombre: ¿Cómo lo resuelvo?

Objetivo: Razonar en la solución de variados problemas sencillos con ejercicios básicos de adición con sobrepaso a través de un sistema de actividades que posibilita el desarrollo de habilidades en el cálculo para su aplicación práctica.

Actividades a desarrolla: Motivar a través del análisis de un problema sencillo todos los pasos necesarios para el logro del razonamiento por parte de los alumnos. Explicar este teniendo en cuenta sus partes y el todo.

Metodología: Este sistema de actividades se puede aplicar en cualquier clase de Matemática donde existan ejercicios de ese tipo. Se les da a conocer el ejercicio a los alumnos que se encuentran ejecutando la actividad, los alumnos deben representar con figuras previamente confeccionadas, los datos que ofrece el problema después los sustituyen en las partes y el todo, preguntándose ¿Qué nos informa? ¿Cuáles son las partes? ¿Qué es lo que deseo buscar?

<u>**Actividad 9**</u>

<u>Nombre</u>: Resuelve y memoriza

<u>Objetivo</u>: Buscar un número desconocido para el completamiento de ejercicios básicos de adición con sobrepaso mediante el sistema de actividades.

<u>Contenido</u>: Hallar valores desconocidos en igualdades de adición con sobrepaso mediante el trabajo de igualdades.

<u>Actividades a desarrollar</u>: Para motivar a los alumnos se les preguntará los términos de la adición.

<u>Metodología</u>: Se coloca una tarjeta en un lugar visible del aula y se introduce en ellos los elementos con los que se quiere calcular, ya sea ejercicios de dos a tres sumandos.

<u>**Actividad 10**</u>

<u>Nombre</u>: Calcula

<u>Objetivo</u>: Calcular de forma rápida lo ejercicios básicos de adición con sobrepaso a través de un sistema de actividades donde se relacionan elementos geométricos que le den el colorido al dibujo y a su vez realizar el cálculo.

<u>Contenido</u>: Cálculo de ejercicios básicos de adición con sobrepaso relacionado con figuras geométricas conocidas.

<u>Actividades a desarrollar</u>: Motivar sobre el conocimiento que poseen los alumnos de diferentes figuras geométricas y su importancia.

<u>Metodología</u>: Formar hileras de alumnos y colocar en un lugar visible cada uno de los dibujos (flor-árbol) se ubican en la mesa las figuras geométricas donde aparecen en cada uno los ejercicios básicos de adición con sobrepaso.

Actividad 11

Nombre: Completa las vocales

Objetivo: Completar espacios en blanco con las vocales los resultados obtenidos o términos para el completamiento de ejercicios con tablas.

Contenido: Hallar términos desconocidos en igualdades de adición con sobrepaso mediante el trabajo con tablas.

Actividades a desarrollar: Para motivar a los alumnos se les presentará por escrito los términos de adición, posteriormente se les explicará.

Metodología: Esta actividad se puede aplicar en cualquier clase de Matemática donde existen ejercicios de este tipo. Se les da a conocer al alumno que se encuentra ejecutando la actividad, el alumno debe completar con as vocales confeccionadas por él.

Actividad 12

Nombre: Juego y Construyo

Objetivo: Calcular con agilidad y destreza ejercicios básicos de adición con sobrepaso a través de un juego donde se relacione elementos geométricos que le den colorido al dibujo y a la vez realicen el cálculo.

Contenido: Cálculo de ejercicios básicos de adición con sobrepaso relacionados con figuras geométricas.

Actividades a desarrollar: Motivar sobre el conocimiento que poseen los alumnos de las diferentes figuras geométricas (destacar sus características)

Metodología: Formar equipos y colocar en un lugar visible cada uno de los dibujos (flor) se ubican sobre la mesa figuras geométricas que los conforman, donde aparecen en cada una los ejercicios básicos de adición con sobrepaso. El juego se inicia cuando el alumno del primer equipo toma uno de los elementos geométricos; se responde correctamente el cálculo que aparece en él entonces lo hace corresponder con la del dibujo, el dibujo debe tener la misma cantidad de elementos al pintar.

Actividad 13

<u>Nombre</u>: Adiciono y resuelvo

<u>Objetivo</u>: Resuelve con destreza ejercicios básicos de adición con sobrepaso.

<u>Contenido</u>: Solución de ejercicios básicos de adición con sobrepaso.

<u>Actividades a desarrollar</u>: Motivar sobre el conocimiento que poseen los alumnos de las diferentes operaciones de cálculo en Matemática.

<u>Metodología</u>: Formar hileras de alumnos dentro del aula y colocar en el suelo figuras geométricas que conforman el círculo donde aparecen en cada uno de ellos ejercicios básicos de adición con sobrepaso. El juego se inicia cuando un alumno de la primera hilera toma uno de los elementos geométricos; se responde correctamente el cálculo que aparece en él, entonces lo hace corresponder con el círculo.

Actividad 14

<u>Nombre</u>: Continúa buscando

<u>Objetivo</u>: Formar igualdades de adición con sobrepaso al trabajar con los ejercicios básicos conocidos a través de un sistema de actividades que posibilita el desarrollo de habilidades en el cálculo matemático.

<u>Contenido</u>: Formación de igualdades de adición a partir de una suma dada.

<u>Actividades a desarrollar</u>: Motivar con una actividad como la siguiente:

¿Qué ejercicios básicos adicionan 14?

¿Qué ejercicios básicos adicionan 18?

Insistir en cuando se ubica una figura geométrica del centro un número y este es mayor que 10 significa la formación de igualdades de adición con ejercicios básicos.

Metodología: Dividir el aula en dos equipos, el maestro ubicará en la figura del centro un número cualquiera y así comenzará la actividad.

Actividad 15

Nombre: Mi cálculo favorito

Objetivo: Reconocer a través de diferentes igualdades de adición el signo que le corresponde a cada una teniendo en cuenta las características de los términos.

Contenido: Formar igualdades de adición haciéndoles corresponder el signo a cada una de las igualdades formadas.

Actividades a desarrollar: Se comenta acerca de los signos que representa a cada una de las operaciones de adición, su significado práctico, así como las características de cada uno de los términos.

Metodología: Un alumno hará coincidir la primera igualdad con el signo que corresponde, así mismo lo realizarán los demás alumnos

Actividad 16

Nombre: Aprendí a jugar

Objetivo: Reconocer a través de diferentes igualdades de adición el signo que corresponde a cada una teniendo en cuenta los términos.

Contenido: Calcular igualdades de adición haciéndoles corresponder el signo a cada una de las igualdades formadas.

Actividades a desarrollar: Dialogar acerca del uso de los signos que representa a cada una de las operaciones de adición y la relación que existe entre ambos, así como sus características.

Metodología: El alumno debe tomar igualdades que representan a la suma.

Actividad 17

Nombre: El país de los números

Objetivo: Reconocer con precisión ejercicios básicos de adición con sobrepaso a través de un mapa donde se relacione elementos que le den colorido y a su vez realicen el cálculo.

Contenido: Reconocimiento de los ejercicios básicos de adición con sobrepaso relacionados en el mapa.

Actividades a desarrollar: Motivar sobre el conocimiento que poseen los alumnos acerca de los mapas (características generales) la importancia y utilización sobre el colorido.

Metodología: Formar equipos y colocar en un lugar visible el mapa con su colorido, se ubican en la mesa las figuras que conforman el mapa (rompecabezas) donde aparecen en cada una de ellas ejercicios básicos de adición con sobrepaso un alumno iniciará la actividad y los demás continuarán.

Actividad 18

Nombre: Feliz calculé

Objetivo: Formar igualdades de adición con sobrepaso al trabajar con los ejercicios básicos de adición con sobrepaso conocidos a través de un sistema de actividades que posibilite el desarrollo de habilidades en el cálculo matemático.

Contenido: Formación de igualdades de adición a partir de una suma dada.

Actividades a desarrollar: Motivar con una actividad como la siguiente:

¿Qué representa este signo? (+)

¿Se adiciona?

Insistir en cuando observamos el signo de adiciona que significa la formación de igualdades de adición con ejercicios básicos.

Metodología: El maestro ubicará en la figura del centro un número cualquiera y así comenzará la actividad.

Actividad 19

Nombre: Encontré lo perdido

Objetivo: Buscar un término o un número desconocido para el completamiento de ejercicios con textos de adición con sobrepaso mediante un sistema de actividades que permita ampliar sus conocimientos en la memorización.

Contenido: Hallar valores o términos desconocidos en igualdades de adición con sobrepaso mediante el trabajo de ejercicios con textos.

Actividades a desarrollar: Para motivar a los alumnos se les preguntará por los términos de la adición, posteriormente deben explicarse.

Metodología: Se divide el aula en dos grupos y se ubica el franelógrafo en un lugar visible del aula y se insertan los elementos con los que se quiere realizar la actividad, ya sean ejercicios con textos (términos).

Actividad 20

Nombre: Soluciono problemas

Objetivo: Razonar en la solución de variados problemas sencillo con ejercicios básicos de adición con sobrepaso a través de un sistema de actividades que facilita el desarrollo de habilidades de cálculo para su aplicación práctica.

Actividades a desarrollar: Motivar a través de un análisis de un problema sencillo todos los pasos necesarios para el logro del razonamiento por parte de los alumnos. Explicar teniendo en cuento las partes y el todo.

Metodología: El sistema de actividades se puede aplicar en cualquier clase de Matemática donde existan ejercicios de este tipo, se les da a conocer el ejercicio a los alumnos que se encuentran ejecutando la actividad, después sustituyen en las partes

2. 4 Evaluación de la efectividad del sistema de actividades.

De los 17 alumnos aprobaron 16 para un 94,12% y desaprobó 1 para un 5,88%

A l realizar un análisis de los resultados alcanzados sólo el 24,9%(5 alumnos) alcanzaron la categoría de excelente (E), dominan a plenitud todos los ejercicios básicos de adición con sobrepaso, tienen creadas todas las habilidades necesarias para el cálculo, no cometen errores; e 2 9,4%(5alumnos)

Obtuvieron calificación de muy bien (MB) dominan los ejercicios básicos de adición con sobrepaso, pero no logran hacerlo de forma rápida y precisa, se equivocan en el cálculo.

El 23,5%(4 alumnos) alcanzaron la evaluación de bien (B), tienen pleno dominio de sólo algunos de estos ejercicios básicos, los demás los resuelven a través de medios auxiliares, se equivocan en menos de cuatro cálculos; el 11,8%(2 alumnos) logró calcular la mitad de los ejercicios; reconocen correctamente la operación; utilizan en varias ocasiones medio auxiliares para responder al cálculo, no son rápidos, ni precisos el 5,88% (1 alumno) no logran calcular menos de la mitad de los ejercicios, siempre utilizan los dedos para darle solución al ejercicio en ocasiones utilizan conjuntos y confunden las operaciones.

Después de analizar esta prueba pedagógica se pudo constatar que las mayores dificultades estuvieron dadas en la vía de solución del cálculo y en la rapidez con que resuelven los ejercicios, también se pudo comprobar que los ejercicios básicos de adición tienen dificultad en la solución con sobrepaso.

Conclusiones del Capítulo

Este capítulo ofrece información detallada sobre el diagnóstico de la situación actual del problema a través de aplicación de varios instrumentos de medición al ser valorados de forma cualitativa y cuantitativa, también se da a conocer las propuesta de un sistema de actividades, así como su fundamentación teórica y la efectividad al ser aplicado a los alumnos de tercer grado.

CONCLUSIONES

La caracterización de los ejercicios básicos de adición con sobrepaso posibilitó precisar que la habilidad memorizar requiere de gran importancia dentro del proceso de enseñanza-aprendizaje de la Matemática, posee ésta la base para los procedimientos escritos en grados posteriores.

El proceso de enseñanza-aprendizaje de la Matemática, puede ser perfeccionado a partir de un sistema de actividades dirigidas al desarrollo de habilidades en el cálculo en los ejercicios básicos de adición con sobrepaso.

BIBLIOGRAFÍA

ALBARRÁN PEDROSO, JUANA. Didáctico de la Matemática en la Escuela Primaria. _Ciudad de La Habana. Ed. Pueblo y Educación, 2005.248p.

ÁLVAREZ PÉREZ, MARTHA. Tratamiento de la aritmética. –Pedagogía 2001. –La Habana. -- 2001 (folleto).

ARISTOS. Diccionario ilustrado de la Lengua Española. La Habana: Ed Pueblo y Educación, 1974. -- 692p.

BALLESTER PEDROSO, SERGIO. Metodología de la Enseñanza de la Matemática. Tomo I. _ Ciudad de La Habana. Ed. Pueblo y Educación, 1992. 459p.

BALLESTER PEDROSO, SERGIO. Metodología de la Enseñanza de la Matemática. Tomo II. _ Ciudad de La Habana. Ed. Pueblo y Educación, 2002. 336p.

BERNABEU PLOUS, MATILDE. Alternativa para desarrollar y formar la habilidad de cálculo en primer lugar. -- Tesis de Maestría.-- ISP Enrique José Varona: Ciudad de la Habana, 1998. --187p.

BERNABEU PLOUS, MATILDE. Cuaderno Complementario Matemática tercer grado. _Ciudad de La Habana. Ed. Pueblo y Educación, 2005. 37p.

BRITO, HÉCTOR. Psicología General para Institutos Superiores pedagógicos: Ed Pueblo y Educación: Ciudad de La Habana, 1987. – 213p.

CARRERO GONZÁLEZ, NITZA. Juegos Didácticos y Capacitación Profesional. La Habana: Ed Pueblo y Educación, 1996. – 85p

CASANOBA, FRANSISCO. Una estructuración de la enseñanza aprendizaje de la numeración y el cálculo en los primeros grados de la escuela primaria. Tesis de Maestría. – ISP Raúl Gómez García: Guantánamo, 2001. –121p.

CASTILLO, MAYELÍN. El tratamiento de las operaciones de cálculo en primer grado a partir de la relación parte – todo. – Trabajo de Diploma. – Esc. Manuel Ascunce Domenech: Ciego de Ávila, 2001.-- 129p.

CASTILLÓN LOXALA, JOSÉ ANTONIO. Jugar para aprender: Ciego de Ávila.-- Esc. Primaria Marcelo Salodo, 1999. --23p.

FONSECA VELIZ, MARÍA ELENA. Habilidades de cálculo en los alumnos de primer y segundo de la escuela primaria. Tesis de Maestría. --Ciego de Ávila, 2004. --132p.

FUNLABRADA, IRMA. Juega y aprende Matemática. Actividades para divertirse y trabajar en el aula: México, 1991. -- 96p.

GARCÍA BATISTA, GILBERTO. Fundamentos del Investigación Educativa. Primera parte. _Ciudad de La Habana. Ed. Pueblo y Educación, 2001.15.

GEISLER CASTRO, VICENTE. Metodología de la Enseñanza de la Matemática de primer a cuarto grado. La Habana: Pueblo y Educación, 1998. -- 179p.

GÓMEZ OLIVERA, EVANGELI0. Una concepción metodológica para la enseñanza de la Matemática en segundo grado. Evento Internacional Pedagogía 97: Ciudad de la Habana, 1997. (Ponencia)

GUTÍRRES MORENO, RODOLFO. Los componentes de proceso pedagógico y su dinámica. --ISP Félix Varela. --Villa Clara 1997. – (soporte magnético).

H, WUSSING. Conferencia sobre Historia de la Matemática: Ed Pueblo y Educación. Ciudad de la Habana. --282p. Indicaciones a los maestros de primaria para lograr habilidades de cálculo. –Curso Escolar, 1986/1987. --20p. Hacia un Didáctica desarrollada: Ciudad de la Habana. -- Ed. Pueblo y Educación, 2001. --115p-

INCHÁUSTEGUI VILLALÓN, MIRIAN. Matemática tercer grado. _Ciudad de la Habana. Ed. Pueblo y Educación, 1990. --173p.

JUNGK, W. Conferencia sobre Metodología de la Enseñanza de la Matemática 1.: Ed Pueblo y Educación. La Habana, 1978. --180p.

LABARRERE, GUILLERMINA. Pedagogía: Ed. Pueblo y Educación, 1998. --354p.

LÓPEZ HURTADO, JOSEFINA. EL carácter científico de la pedagogía en Cuba: Ed. Pueblo y Educación. La Habana, 1996. --226p.

MARTÍ PÉREZ, JOSÉ. Educación Científica en los escritos sobre Educación. La Habana: Ed. Pueblo y Educación, 2001. --170p.

MATIENZO PALMA, ADELAIDA. Orientaciones Metodológicas tercer grado. Tomo I. _Ciudad de la Habana. Ed. Pueblo y Educación, 1990. --208p. Metodología de la Enseñanza de la Matemática de primero a cuarto grado. Colectivo de autores de RDA. Ciudad de la Habana: Ed. Pueblo y Educación, 1978. --255p.

MIRANDA TORRES, SABINA. Orientaciones Metodológicas de segundo grado. La Habana: Ed. Pueblo y Educación, 2001. --170p.

NOCEDO de LEÓN, IRMA. Metodología de la Investigación educacional. Primera Parte. _Ciudad de la Habana. Ed. Pueblo y Educación, 2002. --192p.

PÉREZ MARTÍN, DALIA. Trabajo investigativo sobre la enseñanza de la matemática. --Escuela Primaria José Martí. Ciego de Ávila, 1986. --30p. (Folleto).

PÉREZ SAMPER, EMILIA. Programa de segundo grado. La Habana: : Ed. Pueblo y Educación, 2001. --91p.

PÉREZ SOMOZA, ELPIDIO. Metodología de la Aritmética Elemental. La Habana: Pueblo y Educación, 1930. --305p.

PÉREZ RODRÍGUEZ, GASTÓN. Metodología de la Investigación Educacional. La Habana: Ed. Pueblo y Educación, 1986. --139p.

PÉREZ RODRÍGUEZ, GASTÓN. Metodología de la Investigación Educacional. Primera parte. _Ciudad de la Habana: Ed. Pueblo y Educación, 2001. --139p.

PENA GALVES, ROSA LINDA. Orientaciones Metodológicas de segundo grado: Ciudad de la Habana: Ed. Pueblo y Educación, 1989. --tomo2.

PITA, BALBINA. El tratamiento del cálculo en el primer ciclo. La Habana: Ed. Pueblo y Educación, 1985. --81p.

RICO MONTERO, PILAR. Hacia el perfeccionamiento de la escuela primaria. Ciudad de la Habana: Ed. Pueblo y Educación, 2000. --137p.

RIZO CABRERA, CELIA. Seminario Nacional, 2001. --tomoII.

RODRÍGUEZ IZQUIERDO, JESÚS. Programa tercer grado. Tomo I. _Ciudad de la Habana: Ed. Pueblo y Educación, 1990. --94p.

RODRÍGUEZ RODRÍGUEZ, GERMÁN. Alternativa para el cálculo ventajoso en los grados primero y segundo de la escuela primaria.--Tesis de Maestría. Ciudad de la Habana, 1998, --115p.

SIMÓN, OSVLADO. Metodología de la Enseñanza de la Matemática en la escuela primaria. La Habana: Ed. Pueblo y Educación, 1991. --209p.

SMAKARENKO, ANTÓN. Conferencia sobre educación infantil. La Habana: Ed. Pueblo y Educación, 1974. --121p.

VILLALÓN, INCHÁVSTEGUI. La elaboración de ejercicios básicos en la enseñanza de la matemática. La Habana: Revista Educación. --julio- septiembre, 1978. --127p.

ZHUKÓUSKALA R, I. El juego y su importancia pedagógica: La Habana: Ed. Pueblo y Educación, 1982. --140p.

Buy your books fast and straightforward online - at one of world's fastest growing online book stores! Environmentally sound due to Print-on-Demand technologies.

Buy your books online at
www.morebooks.shop

¡Compre sus libros rápido y directo en internet, en una de las librerías en línea con mayor crecimiento en el mundo! Producción que protege el medio ambiente a través de las tecnologías de impresión bajo demanda.

Compre sus libros online en
www.morebooks.shop

Printed by Books on Demand GmbH, Norderstedt / Germany